POLICE MÉDICALE

DE

LA PROSTITUTION

ET DES MESURES DE POLICE DONT ELLE EST L'OBJET A PARIS

AU POINT DE VUE

DE L'INFECTION SYPHILITIQUE

POLICE MÉDICALE

DE LA

PROSTITUTION

ET DES MESURES DE POLICE DONT ELLE EST L'OBJET A PARIS

AU POINT DE VUE

DE L'INFECTION SYPHILITIQUE

Par C.-J. LECOUR

Commissaire-Interrogateur,
Chef de Bureau à la Préfecture de Police.

> Est-il possible de proposer aux divers gouvernements quelques mesures efficaces pour restreindre la propagation des maladies vénériennes ?
> (*Congrès international médical*).

Extrait des Archives générales de Médecine,
numéro de décembre 1867.

PARIS

P. ASSELIN, SUCCESSEUR DE BÉCHET JEUNE ET LABÉ,
ÉDITEUR DES ARCHIVES GÉNÉRALES DE MÉDECINE,
place de l'École-de-Médecine.

1867

Dans les études qui touchent aux misères sociales, il faut se garder de faire une œuvre d'imagination. Il importe d'exposer des faits, de donner des renseignements précis et de dire la vérité.

C'est dans cet esprit que j'ai voulu répondre à la question posée par le Congrès international Médical de 1867.

L.

Novembre 1867.

POLICE MÉDICALE

DE

LA PROSTITUTION

ET DES MESURES DE POLICE DONT ELLE EST L'OBJET A PARIS

AU POINT DE VUE

DE L'INFECTION SYPHILITIQUE

I. C'est un des caractères de notre temps que de donner aux préoccupations d'hygiène et de salubrité une importance, légitime d'ailleurs, qu'on leur refusait autrefois. Sur ce terrain, la contagion des affections vénériennes, avec ses dangers quant à la génération, à l'affaiblissement de la race et à ses mille formes d'infection, devait se présenter au premier rang. Elle s'était imposée à l'attention de l'Angleterre, malgré son abstention systématique à l'égard de la prostitution. Elle a pris une large place dans les travaux du Congrès international médical réuni à Paris à l'occasion de l'Exposition universelle. Devant l'étendue du mal, constaté sur tous les points de l'Europe, la science s'est émue et elle a jeté un cri d'alarme, renouvelant un appel qu'elle a maintes fois fait entendre et dont on retrouve les plus lointains échos dans le règlement administratif daté d'Avignon, en 1347, lequel prescrivait la recherche des filles atteintes « de mal provenant de paillardise, » et, dans l'ordonnance du 6 mars 1496, relative aux individus affectés « de grosse vérole ». On regardait alors la contagion vénérienne comme pouvant s'établir par le moindre contact, par la parole même.

En 1864, à Londres, dans le pays où s'était établi jusque-là « *the uncontrolled prostitution,* » une commission royale a été chargée de *l'examen de la maladie vénérienne dans les armées de terre et de mer,* et, par suite de l'extension de la débauche publique et de l'accroissement continuel du nombre des affections syphilitiques, un acte de la Reine en date du 11 juin 1866 (Act for the better prevention of contagious diseases at certain naval and military stations) a prescrit des mesures sanitaires et disciplinaires à l'égard des filles publiques (commons prostitutes). Bien que ces mesures, prises exclusivement dans l'intérêt de la santé des marins et des soldats, ne soient applicables qu'à certaines localités ou circonscriptions désignées dans ledit acte et telles que Porsmouth, Plymouth, Woolwich, etc., elles n'en indiquent pas moins que l'heure a sonné, même pour l'Angleterre, de reconnaître le fléau vénérien, qu'elle affectait de ne pas voir, et d'aviser aux moyens de le combattre.

Dans le Congrès médical, la même préoccupation s'est manifestée par cette question du programme de ses études :

Est-il possible de proposer aux divers gouvernements quelques mesures efficaces pour restreindre la propagation des maladies vénériennes?

Aucune solution n'a été proposée. On a indiqué des moyens déjà employés ou des mesures manifestement impraticables. On s'est tenu dans des généralités. On a surtout exprimé des vœux qui reproduisaient la question sans la résoudre, et, à l'exception du désir, plusieurs fois formulé, de voir les plus grandes facilités apportées à l'admission des vénériens dans les hôpitaux, il est difficile d'extraire des discours prononcés à cette occasion une idée pratiquement réalisable.

Il est juste, toutefois, de reconnaître que le problème posé était exclusivement du domaine administratif. La science signalait le mal; elle se tenait prête à intervenir dans une plus large proportion. L'administration pouvait-elle lui en fournir les moyens?

La question ainsi présentée, et je crois que c'est sa véritable portée, reste tout aussi difficile. Je n'ai ni la mission, ni la prétention d'y répondre ; mais il m'a semblé qu'il pouvait y avoir utilité à exposer l'état des choses en ce qui touche la prostitution à Paris et les mesures dont elle y est l'objet de la part de la police. C'est cette tâche modeste que je vais essayer d'accomplir.

II. Avant d'aborder les détails d'organisation et de statistique, et bien qu'il n'entre nullement dans le cadre que je viens d'indiquer de faire l'histoire de la prostitution, en remontant jusqu'à Charlemagne et aux Capitulaires de l'an 800, il me paraît indispensable :

1° De montrer la source légale et le caractère des pouvoirs administratifs, tels qu'ils se sont exercés et qu'ils s'exercent aujourd'hui à l'égard des prostituées;

2° De jeter un coup d'œil sur les contagions vénériennes dans la période qui a précédé le régime actuel, ainsi que sur les efforts qui ont été faits dans le passé pour restreindre les ravages du mal et y porter remède.

Ces renseignements fourniront un terme de comparaison avec l'état actuel et ils permettront de se rendre compte des améliorations introduites.

Sous la monarchie, on procédait relativement à la prostitution par ordonnances royales et avec l'intermédiaire, à Paris, du Lieutenant général de police siégeant au Châtelet. Les filles publiques, lorsqu'elles ne se trouvaient pas en état de vagabondage, n'étaient arrêtées à leur domicile qu'en vertu d'*ordre du roi*.

Sous la première république, alors que le déréglement des mœurs était à son comble, le Directoire avait envoyé au conseil des Cinq-Cents, le 17 nivôse an IV, un message pour demander qu'une loi fût rendue afin de réprimer les désordres de la prostitution. Pareille proposition fut adressée au conseil dans sa séance du 7 germinal an IV. L'ordre du jour écarta cette proposition. Le message étai resté sans suite.

La pensée de régler la prostitution par une loi spéciale a, plusieurs fois, été soulevée et elle a toujours été abandonnée comme inexécutable. Il y a bien dans le code belge une disposition qui permet de punir de l'emprisonnement, comme outrageant la pudeur publique, toute provocation à la débauche adressée par une prostituée ; mais, dans certains cas, l'article 330 de notre Code pénal pourrait avoir les mêmes effets. La disposition du code belge ne constitue donc pas une loi sur la prostitution.

L'état actuel découle des lois générales des 14 décembre 1789, 16-24 août 1790 et 19-22 juillet 1791.

La loi de 1789 dit que « les attributions propres au pouvoir municipal sont de faire jouir les habitants des *avantages d'une bonne police,* » c'est-à-dire : « assurer la *tranquillité* dans les *rues, lieux et édifices publics,* empêcher les *bruits nocturnes,* maintenir le *bon ordre,* prévenir par des *précautions convenables* et faire cesser les fléaux *calamiteux,* tels que les *épidémies,* » etc. (loi du 16-24 août 1789).

La loi des 19-22 juillet 1791 porte article 10 : « Les officiers de police pourront également entrer en tout temps dans les lieux *livrés notoirement à la débauche.* »

Enfin, l'arrêté du 3 brumaire an IX (25 octobre 1800) met les *maisons publiques* au nombre des matières placées sous l'action et l'autorité du préfet de police.

La prostitution rentre donc étroitement et virtuellement dans les faits qui incombent à l'autorité et à la vigilance des municipalités, et c'est comme magistrat municipal que le préfet de police la réglemente, la surveille et la réprime.

On ne saurait contester qu'il y a dans le choix et l'exécution des mesures à prendre à cet effet un côté discrétionnaire inévitable, imposé, d'une manière absolue, par la nature des choses et qu'aucun texte de loi ou de règlement ne pourrait prévoir et prescrire dans ses détails.

Jusqu'au XIVᵉ siècle, la réglementation de la prostitution avec ses phases de tolérance et de répression, souvent barbare, trouve l'explication de ces inégalités d'allures dans une sorte de lutte entre l'idée morale et religieuse et de matérielles nécessités. Ce n'est qu'à l'apparition du danger sanitaire que l'action répressive prend un caractère plus rigoureux, mais sans trahir de préoccupation quant aux moyens de guérir ou d'amoindrir le mal. On a dit à ce sujet, et cela semble être une vérité, qu'on regardait alors la maladie vénérienne comme une punition de la débauche et, par suite, comme une cause salutaire de continence.

On trouve la confirmation de ce fait dans le nombre relativement considérable des fondations pieuses et de moralisation faites alors en vue des prostituées ou pour prévenir la prostitution, opposé aux mesures d'expulsion prises contre les « vérolés, » ainsi qu'à l'absence, puis au nombre limité des asiles de traitement.

Parmi les établissements d'assistance auxquels il vient d'être fait allusion, on peut citer :

La réunion de filles converties dans un hôpital sous le nom de Maison des *Filles-Dieu* (1226) ;

Un asile analogue, institué par lettres patentes de Charles VIII, sous le titre de refuge des *Filles de Paris* et aussi des *Filles pénitentes* (1486) ;

L'hôpital de la Miséricorde pour les jeunes filles pauvres (1623);

L'affectation de la Salpêtrière à la détention, sur la demande de leurs parents ou tuteurs, des filles indigentes qui se seraient livrées à la débauche (1648);

La fondation par Mme de Miramion, dans le faubourg Saint-Antoine, d'une maison de détention pour les prostituées (1665);

La maison des *Filles de la Providence* destinée aux orphelines (1699).

Il faut indiquer, en outre, l'Œuvre du Bon-Pasteur et les établissements de Sainte-Valère et de Sainte-Pélagie. Indépendamment de ces asiles, beaucoup de communautés religieuses recevaient, dans un but d'amendement, des filles perdues qui manifestaient l'intention de renoncer à la débauche. Dans les villes de guerre, il y avait des *Renfermeries*, où l'on détenait les prostituées, et où elles étaient contraintes de travailler.

L'intervention active au point de vue sanitaire n'apparaît pas dans ces diverses fondations. Il résulta de ce mode de procéder qu'à l'époque où l'invasion syphilitique atteignit des proportions considérables et réclama impérieusement l'assistance et le traitement, l'administration hospitalière se trouva presque prise au dépourvu.

En 1785, les vénériens assiégèrent l'Hôtel-Dieu, ainsi que Bicêtre et la Salpêtrière, transformés en hôpitaux spéciaux. Ils s'y entassèrent littéralement, et c'était encore le plus petit nombre. Le même lit servait à plusieurs malades qui se relayaient pour l'occuper, et qui couchaient sur le carreau en attendant leur tour. Il fallait acheter le traitement par des châtiments corporels. On s'y résignait, tant le fléau sévissait avec gravité. On comptait alors à Bicêtre 600 entrées par an pour correspondre à plus de 2,000 demandes d'admission.

L'administration fit des efforts ; le service hospitalier s'améliora. L'hôpital du Midi, créé en 1793 (ancien couvent des Capucins), remplaça la Salpêtrière, et versa une portion de ses malades dans l'hospice de la Pitié, devenu sa succursale. L'infirmerie de la prison dite la Petite-Force put recevoir 500 malades.

En 1811, l'hôpital des Vénériens soigna 4,744 malades, savoir

Traitement au dehors......... { 1,235 hommes. / 165 femmes. } 1,400

Traitement dans l'hôpital...... { 1,492 hommes. / 1,387 femmes. } 2,879

Malades traités à leurs frais.................. 215
Quartier des nourrices et enfants syphilitiques.. 250

4,744

La création de ce quartier était due à l'initiative de M. Lenoir, lieutenant de police. L'institution avait d'abord été essayée à Vaugirard, en 1780, sur le rapport de M. Faguer, chirurgien en chef de Bicêtre. On y recevait les nourrices vénériennes, à la condition qu'elles allaiteraient avec leur enfant un enfant trouvé affecté de syphilis. On les traitait, et le traitement atteignait les enfants. Après la nourriture, elles recevaient une gratification. Le petit hôpital de Vaugirard fut réuni à celui des Capucins le 1er janvier 1793.

La période de l'occupation étrangère (1814 et 1815) vit reparaître les difficultés des plus mauvais temps en ce qui touchait l'accroissement de la contagion syphilitique et les impossibilités de soigner tous les malades. Les filles vénériennes des provinces, où les hôpitaux étaient encombrés de militaires, affluèrent à Paris. Les soldats étrangers y remplissaient les lits d'hôpitaux disponibles. Les Prussiens notamment avaient pris possession de l'hôpital des Vénériens ; ils y restaient sans nécessité, refusant de l'évacuer et occupant des lits en quantité double de leur nombre. Il n'y avait plus de place dans aucun hôpital : Saint-Louis, l'infirmerie de la Petite-Force regorgeaient de vénériens. A l'hôpital de la Pitié, l'encombrement était excessif ; les malades attendaient au dehors dans des charrettes ou couchés sur de la paille. La contagion fit d'énormes progrès ; sa décroissance fut lente. En 1816, il y avait encore une fille publique malade sur 13. En 1817, il n'y en avait plus qu'une sur 34 ; une sur 36 en 1818 et une sur 43 en 1819.

Cette crise traversée, on revint à l'état normal que troublèrent seulement, mais dans une moindre proportion, les secousses de même nature produites par les événements de 1830 et de 1848.

En 1848, on manqua de places à l'infirmerie de Saint-Lazare, et l'on dut diriger des filles vénériennes sur les hôpitaux de Lourcine et du Midi, puis à l'hôpital de la Pitié. Cet état de choses dura de juillet à décembre.

De 1789 à 1835, les filles de débauche arrêtées par la police furent successivement renfermées à la salle Saint-Martin, à la Salpêtrière, à Vincennes, à la Petite-Force, aux Madelonnettes, et enfin à Saint-Lazare, dont l'organisation actuelle, qui remonte à 1835, comprend trois sections :

1° Les prévenues et les condamnées.

2° Les filles de débauche. A cette section se rattache une infirmerie spéciale destinée à celles de ces filles qui sont atteintes de maladies vénériennes.

3° Et enfin les jeunes filles détenues par voie de correction paternelle (art. 375 et suivants du Code Napoléon).

Ce dernier quartier existait antérieurement; il avait été créé en 1832.

Le Dispensaire de salubrité, germe du service médical et administratif actuel, fut institué par un arrêté du 29 prairial an X.

D'abord composé d'un chirurgien qui devait *se rendre au moins deux fois par mois dans les maisons de débauche pour y visiter les femmes publiques*, puis de deux chirurgiens (arrêté du 1er prairial an XIII (21 mai 1805) portant établissement d'une salle de santé au dispensaire, il s'est rapidement augmenté. En décembre 1810, il comprenait :

1 médecin ou chirurgien directeur,

4 chirurgiens,

1 chirurgien ou pharmacien chargé de la préparation et de la distribution des remèdes, ainsi que de la tenue des écritures.

Il se compose aujourd'hui de 12 médecins, dont un a le titre de médecin en chef. Le Dispensaire fonctionne à la préfecture de police, dans un local attenant au service administratif placé sous la direction d'un chef de bureau, qui est en même temps commissaire de police interrogateur. Des inspecteurs de police sont spécialement affectés aux mesures de surveillance et de répression qu'exige le service des mœurs. Ils se trouvent placés sous les ordres d'un officier de paix spécial relevant, comme tous ses collègues, du chef de la police municipale.

Pour compléter cet exposé, il est utile de faire remarquer qu'autrefois, et sous le nom de *taxe*, les filles publiques de Paris étaient tenues de payer, pour leur visite médicale, une somme qui était de 6 francs pour les filles des maisons de tolérance, et de 3 francs pour celles logées dans leurs meubles. Cette taxe, sorte d'impôt prélevé sur les prostituées, servait à acquitter les frais du Dispensaire, et, quand faire se pouvait, à subventionner certains établissements charitables où l'on recevait des filles de débauche dans un but de moralisation et d'assistance. Sa création n'était pas due à l'initiative administrative. L'idée première de cette mesure avait fait son chemin dans l'opinion publique bien avant son application. De nombreuses pétitions, dont plusieurs remontaient à 1760, avaient demandé qu'on soumît les prostituées à des mesures fiscales destinées à procurer le remboursement des dépenses du service sanitaire. L'expérience de la taxe une fois faite, il y eut à son sujet un revirement dans les esprits. Vivement critiquée en raison de son caractère et des abus qu'elle pouvait produire, elle a été supprimée le 1er janvier 1829. Elle existe encore dans quelques villes, à Lyon et à Bordeaux notamment. Dans cette dernière ville, la taxe n'a été maintenue que pour les filles qui ne veulent pas de la visite gratuite. Les visites du samedi sont payées 2 fr.; celles du jeudi et du vendredi, 0,75 c. La gratuité de l'examen médical n'existe que le mardi et le vendredi. On peut citer Bruxelles et Turin comme villes étrangères où la taxe est également pratiquée.

III. Nous voici arrivés à la situation présente. Le résumé que j'ai à en faire comporte beaucoup de chiffres et d'indications de détails. Je m'exposerais à être obscur si je les commentais au fur et à mesure qu'ils se produiront. Je les énoncerai d'abord en me réservant d'en faire l'objet d'appréciations et d'inductions lorsqu'il s'agira de conclure.

La première question à poser est celle-ci : Combien y a-t-il à Paris de filles se livrant à la prostitution publique ?

Si cette question n'avait en vue que les prostituées *inscrites*, c'est-à-dire les femmes qui figurent sur les contrôles de la prostitution publique, et qui, comme telles, sont soumises à des obligations disciplinaires et sanitaires, il serait facile d'y répondre d'une façon précise; mais elle s'applique également à la foule des prostituées *insoumises*, c'est-à-dire *non inscrites*, que Paris attire et retient, que l'Exposition Universelle avec ses nombreux visiteurs a contribué à accroître dans une proportion notable, et dont, cela se comprend de reste, le dénombrement ne peut avoir qu'un caractère approximatif.

On se fera une idée de la difficulté d'une pareille évaluation en se reportant à ce qui s'est produit à Londres lorsqu'on a voulu procéder à un dénombrement analogue. Tandis que certains auteurs évaluaient à 50,000 et même à 80,000 le nombre des prostituées de la capitale de la Grande-Bretagne, les rapports de la police métropolitaine donnaient pour totaux d'abord 9,400, puis 8,600. Comment, en effet, arriver à distinguer avec certitude, dans la galanterie vénale avec ses hasards d'existence, la prostitution banale et cynique qui tombe sous l'action de la police? Il y a là tout un monde qui change de physionomie d'un jour à l'autre. La part faite à ces difficultés et en restant dans les limites d'une grande modération, on peut évaluer à 30,000 le personnel sans cesse renouvelé de la prostitution clandestine. Il est bien entendu que ce chiffre s'applique aux femmes qui sont à Paris un danger pour la santé publique en raison de leurs habitudes de débauche, bien plus qu'il ne désigne exclusivement les prostituées clandestines en circulation et faisant tous les jours acte de racolage. On ne le trouvera pas trop exagéré en sachant que c'est à ce même chiffre qu'en 1802 le ministre de la police évaluait les prostituées de la capitale.

Le nombre des filles publiques inscrites au 1er janvier 1867 était de 3,862. Il se divisait ainsi qu'il suit :

1,413 filles de maisons de tolérance ;
2,449 — isolées (logées dans leurs meubles).

En 1857, il était de 1,976 filles de maisons et de 2,329 f. p. isolées.

1858,	—	1,995	—	2,235	—
1859,	—	1,912	—	2,235	—
1860,	—	1,929	—	2,270	—
1861,	—	1,823	—	2,295	—
1862,	—	1,807	—	2,470	—
1863,	—	1,741	—	2,604	—
1864,	—	1,639	—	2,610	—
1865,	—	1,519	—	2,706	—
1866,	—	1,448	—	2,555	—

Parmi les filles isolées, quelques-unes, en raison de leur âge ou par suite de maladies, sont autorisées à loger dans un hôtel garni ; mais il leur est fait, dans ce cas, défense formelle de s'y prostituer.

Il est de règle qu'il ne peut y avoir qu'une seule fille isolée dans chaque maison. Cette prescription, qui n'a été faite que pour prévenir des désordres et des scènes fâcheuses, comporte des exceptions que l'on tolère tant qu'il ne se produit aucun scandale.

L'origine des maisons de prostitution *tolérées* est tout entière dans l'ordonnance de 1420, qui assigne des quartiers et même des rues aux filles publiques pour leur habitation.

Dès l'année 1381, des lettres patentes de Charles VI intimaient au Prevôt de Paris l'ordre de défendre aux propriétaires de maisons sises dans certaines rues de loger des prostituées.

Une ordonnance de 1367 défendait de tenir « bordel » et de louer aux filles de mauvaise vie ailleurs que dans certaines rues indiquées.

En 1866, on comptait à Paris 172 maisons de tolérance ainsi réparties :

153 dans le Paris avant l'annexion ;
19 dans la partie annexée en 1859 et dans la banlieue.

172

Le nombre de ces maisons, qui était de 235 en 1843, de 219 en 1851, a subi, comme on peut le voir par les chiffres ci-après, une décroissance continue.

ANNÉES.	NOMBRE TOTAL des maisons de tolérance.	MAISONS DE TOLÉRANCE dans Paris avant l'annexion.	MAISONS DE TOLÉRANCE dans la partie annexée en 1859 et dans la banlieue.	ANNÉES.	NOMBRE TOTAL des maisons de tolérance.	MAISONS DE TOLÉRANCE dans Paris avant l'annexion.	MAISONS DE TOLÉRANCE dans la partie annexée en 1859 et dans la banlieue.
1852	217	152	65	1859	192	119	73
1853	213	148	65	1860	194	121	73
1854	209	144	65	1861	196	177	19
1855	204	136	68	1862	191	169	22
1856	202	130	72	1863	180	161	19
1857	199	127	72	1864	179	160	19
1858	195	122	73	1865	172	153	19

Les maisons de tolérance de l'ancienne banlieue ou du voisinage des casernes sont, pour la plupart, d'anciens cabarets ouverts à la prostitution et qui ont été transformés en maisons tolérées. Des considérations, basées tout à la fois sur les habitudes des filles de ces maisons et sur un intérêt d'ordre public, ont amené l'administration à laisser auxdites maisons, comme annexe, une sorte d'estaminet dont aucun signe extérieur ne décèle l'existence. Ces estaminets ou débits de boissons spéciaux avaient dans le principe, comme les débits ordinaires, des enseignes qui dataient de leur ouverture et que l'administration fit supprimer. Il était défendu d'y employer des domestiques mâles. On dut revenir sur cette décision, principalement en ce qui touchait les maisons de tolérance de la banlieue et du voisinage de l'École militaire, afin que la présence de ces individus empêchât de violenter les filles. La suppression de ces annexes faciliterait la clandestinité de la prostitution et la reporterait dans les hôtels et les cabarets.

Bien que l'expérience ait démontré que l'ouverture d'une maison de prostitution tolérée facilite la surveillance et la répression de la prostitution clandestine, la tolérance par l'administration de lieux de prostitution a parfois été critiquée. On ne peut mieux répondre à ces critiques que le faisait M. Delavau, préfet de police, dans un document de 1823 que j'ai sous les yeux : « La prostitution est un fait qu'il n'est pas au pouvoir de l'autorité d'anéantir, et l'objet des règlements n'est autre que de lui ôter ses abus, ses dangers et ses scandales. *La police n'autorise pas la prostitution ; elle la surveille et se donne tous les moyens possibles de rendre cette surveillance efficace.* »

La tolérance accordée par la préfecture de police à des lieux de prostitution ne se donne qu'à *des femmes*. Si elles sont mariées, elles doivent justifier du consentement de leur mari. Il leur faut, en outre, l'autorisation du propriétaire de l'immeuble. La tolérance est essentiellement révocable; elle n'entraîne pas la délivrance d'un *titre d'autorisation*, et elle ne se constate que par la remise d'un registre portant le numéro d'inscription au répertoire des maîtresses de maisons de tolérance. Le registre énonce sur ses premiers feuillets les diverses obligations imposées aux femmes qui exploitent des lieux de prostitution, obligations qui consistent :

A faire enregistrer dans les vingt-quatre heures, au bureau administratif du dispensaire de salubrité, les filles qui se présentent chez elles pour y demeurer ;

A informer l'administration, dans le même délai, de l'entrée ou de la sortie des filles inscrites :

A veiller pour prévenir tout scandale de la part de ces filles ;

A signaler et à conduire sans délai au bureau médical celles desdites filles qui, dans l'intervalle d'une visite médicale à la suivante, viendraient à être atteintes de maladies contagieuses ;

Et enfin à rendre compte immédiatement à l'administration de toute espèce d'événements qui auraient lieu dans l'intérieur de leurs maisons ou au dehors par le fait des femmes logées chez elles.

Il leur est, en outre, expressément défendu de recevoir des mineurs et des élèves des lycées et des écoles civiles et militaires en uniformes. Pour les maisons à estaminets, il est interdit de placer en évidence des verres, bouteilles, flacons ou autres ustensiles indiquant qu'on donne à boire.

Les contraventions à ces règles et à toutes autres de même nature, qui sont imposées aux maîtresses de maisons, sont punies par la suspension ou le retrait définitif de la tolérance.

Dans un intérêt de police, on a essayé à diverses époques, notamment en 1804 et en 1832, d'astreindre les maîtresses des maisons de tolérance à la tenue d'un registre analogue à ceux des hôtels et maisons garnies. L'ordonnance de police du 15 juillet 1832 contenait la disposition suivante :

«Les maisons de tolérance sont assimilées aux auberges et maisons garnies pour la tenue des livres de police. Toute personne qui y couche, même une seule nuit, doit y être inscrite. »

Cette mesure, qui allait d'ailleurs contre son but, était inexécutable : aussi devait-elle être et a-t-elle été promptement abandonnée.

Autant qu'elle le peut, l'administration s'efforce d'empêcher qu'en dehors de la prostitution qu'elle est contrainte de tolérer, il ne se produise dans les maisons de tolérance des faits qui outrageraient la morale publique. C'est à cet ordre de préoccupations qu'appartiennent les prescriptions suivantes :

Les filles des maisons de tolérance ne doivent pas coucher deux dans le même lit. — La mère et la fille, ou les deux sœurs mineures, ou bien encore deux sœurs dont l'une n'aurait pas atteint sa majorité, ne peuvent rester ensemble comme filles publiques dans la même maison de tolérance, ou sous le même toit comme filles isolées. — Dans aucun cas, les filles publiques inscrites et demeurant, soit dans leurs meubles, soit en maisons de tolérance, ne doivent habiter avec un concubinaire. — Il est défendu aux maîtresses de maisons de tolérance et aux filles publiques de conserver leur enfant chez elles dès qu'il a atteint l'âge de 4 ans.

Les filles de maisons de tolérance sont visitées hebdomadairement par les médecins du dispensaire, avec cette différence que les femmes des maisons tolérées, situées dans l'ancienne banlieue de Paris, viennent subir la visite au dispensaire, où elles sont amenées par les maîtresses de maisons dans des voitures fermées, tandis que les filles des maisons de tolérance sises dans le Paris antérieur à l'annexion de 1859, sont visitées dans ces maisons.

Quant aux filles isolées, leur examen médical n'a lieu que deux fois par mois et se fait au dispensaire.

Pendant un certain temps après la révolution de 1848, et en raison d'une recrudescence de la contagion vénérienne, la visite des filles de cette catégorie a eu lieu tous les dix jours.

La pratique a prouvé que les habitudes des filles isolées et l'indépendance relative dont elles jouissent, par comparaison avec la situation dépendante des filles de maisons de tolérance, les préservent, dans une certaine mesure, de contacts dangereux au point de vue sanitaire, et qu'elles rendent suffisante l'obligation de deux visites mensuelles.

Le tableau général des visites sanitaires qu'on trouvera ci-après fournit sur ce point les éléments d'une démonstration absolue.

Je mentionnerai comme dernier renseignement sur ce point que le rapport du service médical du dispensaire de septembre 1867 relève 2 cas de syphilis sur 100 filles de maisons de tolérance, et 1 seul cas sur 200 filles isolées.

Les filles publiques reconnues malades sont, sans aucune exception, traitées à l'infirmerie de la prison de Saint-Lazare.

Ont été envoyées dans cette infirmerie :

	filles publiques et syphilitiques.	atteintes d'ulcération, de catarrhe et de gale
En 1857	982	297
1858	768	255
1859	603	224
1860	594	222
1861	450	244
1862	488	227
1863	543	218
1864	454	235
1865	424	123
1866	277	149

Le contrôle des visites sanitaires auxquelles les filles publiques isolées sont assujetties est fait très-soigneusement, et les retardataires qu'il signale sont l'objet de punitions administratives.

A ces visites réglementaires s'ajoutent, pour toutes les prostituées inscrites, les examens médicaux supplémentaires (et le nombre en est considérable) qu'elles subissent *chaque fois* qu'une mesure quelconque: passage d'une catégorie dans une autre, changement de maison de tolérance, punition, demande de passeport, retour de traitement, sortie de prison, d'hôpital, etc., etc., les place sous la main de l'administration.

Les visites de *filles publiques* par les médecins du dispensaire se montent annuellement en moyenne à 144,000.

En voici le nombre et les résultats pour une période de dix années :

ANNÉES.	TOTAL des visites.	SYPHILITIQUES.		TOTAL.	Ulcérations, catarrhes, gale.
		Filles de maisons.	Isolées.		
1857	162.705	933	134	1.067	297
1858	159.148	694	146	840	255
1859	161.497	494	109	603	224
1860	139.800	551	97	548	222
1861	144.513	421	127	548	244
1862	144.321	427	156	583	227
1863	140.876	420	185	605	248
1864	131.744	289	120	409	235
1865	127.196	268	156	424	123
1866	135.420	229	112	341	149

Il convient de remarquer que, sur l'effectif des filles inscrites, celles qui sont détenues comme prévenues ou condamnées, celles qui sont dans les hôpitaux, qui ont obtenu des dispenses d'obligations sanitaires ou qui sont rayées ou disparues, échappent à ces visites.

A ces causes d'écart entre les chiffres des opérations annuelles du dispensaire, il faut ajouter les variations inévitables que subit le nombre des visites supplémentaires dont il a été question plus haut et qui se rattachent, dans beaucoup de cas, à l'exécution de mesures administratives.

L'élévation des chiffres applicables aux années 1857, 1858 et 1859, correspond à une période pendant laquelle de nombreux contrôles domiciliaires, exercés à l'égard des filles momentanément disparues ou retardataires aux visites, eurent pour conséquence de multiplier les examens médicaux. C'est à partir de 1860 qu'ont été pratiquées dans une plus large proportion les dispenses d'obligations sanitaires accordées aux filles en instances pour obtenir leur radiation comme ayant repris des habitudes de travail.

On peut voir sur les spécimens ci-après des cartes délivrées aux filles isolées, et qui sont renouvelées chaque année, les règles auxquelles sont soumises les femmes publiques et le mode des constatations relatives à l'accomplissement de leurs obligations sanitaires. En ce qui concerne les filles de maisons, les visas des médecins sont portés sur les registres des maîtresses de maisons de tolérance.

186	Noms.
	Demeure.
	N° d'inscription.

MOIS.	1re 15^{ne}	VISA.	2e 15^{ne}	VISA.
Janvier				
Février				
Mars				
Avril				
Mai				
Juin				
Juillet				
Août				
Septembre				
Octobre				
Novembre				
Décembre				

PRÉFECTURE DE POLICE.   (*Modèle n° 49.*)

1re DIVISION.

2e BUREAU.

3e SECTION.

OBLIGATIONS ET DÉFENSES

IMPOSÉES AUX FEMMES PUBLIQUES.

Les filles publiques en carte sont tenues de se présenter, une fois au moins tous les quinze jours, au dispensaire de salubrité, pour être visitées.

Il leur est enjoint d'exhiber leur carte à toute réquisition des officiers et agents de police.

Il leur est défendu de provoquer à la débauche pendant le jour; elles ne pourront entrer en circulation sur la voie publique qu'une demi-heure après l'heure fixée pour le commencement de l'allumage des réverbères, et, en aucune saison, avant sept heures du soir, et y rester après onze heures.

Elles doivent avoir une mise simple et décente qui ne puisse attirer les regards, soit par la richesse ou les couleurs éclatantes des étoffes, soit par les modes exagérées.

La coiffure en cheveux leur est interdite.

Défense expresse leur est faite de parler à des hommes accompagnés de femmes ou d'enfants, et d'adresser à qui que ce soit des provocations à haute voix ou avec insistance.

Elles ne peuvent, à quelque heure et sous quelque prétexte que ce soit, se montrer à leurs fenêtres, qui doivent être tenues constamment fermées et garnies de rideaux.

Il leur est défendu de stationner sur la voie publique, d'y former des groupes, d'y circuler en réunion, d'aller et venir dans un espace trop resserré, et de se faire suivre ou accompagner par des hommes.

Les pourtours et abords des églises et temples, à distance de 20 mètres au moins, les passages couverts, les boulevards de la rue Montmartre à la Madeleine, les jardins et abords du Palais-Royal, des Tuileries, du Luxembourg, et le Jardin des Plantes, leur sont interdits. Les Champs-Élysées, l'esplanade des Invalides, les anciens boulevards extérieurs, les quais, les ponts, et généralement les rues et lieux déserts et obscurs leur sont également interdits.

Il leur est expressément défendu de fréquenter les établissements publics ou maisons particulières où l'on favoriserait clandestinement la prostitution, et les tables d'hôte, de prendre domicile dans les maisons où existent des pensionnats ou externats, et d'exercer en dehors du quartier qu'elles habitent.

Il leur est également défendu de partager leur logement avec un concubinaire ou avec une autre fille, ou de loger en garni sans autorisation.

Les filles publiques s'abstiendront, lorsqu'elles seront dans leur domicile, de tout ce qui pourrait donner lieu à des plaintes des voisins ou des passants.

Celles qui contreviendront aux dispositions qui précèdent, celles qui résisteront aux agents de l'autorité, celles qui donneront de fausses indications de demeure ou de noms, encourront des peines proportionnées à la gravité des cas.

Les infractions réglementaires commises par les filles publiques donnent lieu, après examen contradictoire, à des punitions administratives qui sont subies, soit dans la maison de dépôt près la préfecture de police, soit dans le quartier spécial qui est affecté dans la prison de Saint-Lazare à la détention des femmes de cette catégorie. Le nombre des filles punies et qui avaient été arrêtées pour infractions s'est élevé à :

Punies.				Avaient été arrêtées pour infractions.
2730	en	1857	—	4161
2613	—	1858	—	3760
4061	—	1859	—	5182
2942	—	1860	—	4131
3096	—	1861	—	4225
3264	—	1862	—	4640
2713	—	1863	—	4221
2875	—	1864	—	4433
3267	—	1865	—	4571
3510	—	1866	—	4657

Est-il nécessaire de dire que les mêmes filles figurent pendant une même année pour un grand nombre de punitions? Certaines d'entre elles, notamment celles qui sont adonnées à l'ébriété, en ont subi jusqu'à 100. Beaucoup sont punies une fois par mois.

Il ressort des indications qui précèdent que, pour évaluer le nombre des filles *inscrites* qui se trouvent livrées à la prostitution, soit qu'elles se trouvent dans les maisons de tolérance ou en circulation comme filles isolées, il faut faire la part des maladies, des punitions et des disparitions. C'est ainsi que le chiffre de 3861 des femmes portées sur les contrôles de la prostitution au 1er janvier 1867 se subdivise de la manière suivante :

47 détenues pour crimes ou délits ;
188 en punition ;
90 à l'infirmerie de Saint-Lazare ;
» en hospitalité dans la maison de répression de Saint-Denis ;
34 en traitement dans divers hôpitaux pour des affections non syphilitiques ;

335 disparues.
———
694

Restent en circulation et assujetties aux obligations sanitaires : 3,167.

Le tableau ci-après donne les mêmes renseignements pour une période de dix années.

ANNÉES.	NOMBRE TOTAL des filles inscrites.	DÉTENUES pour crimes ou délits.	EN PUNITION.	A L'INFIRMERIE de Saint-Lazare.	EN HOSPITALITÉ dans la maison de répression de Saint-Denis.	EN TRAITEMENT dans divers hôpitaux.	DISPARUES.	RESTENT en circulation.
1857	4.306	60	132	294	4	50	405	3.361
1858	4.259	54	111	265	5	52	505	3.267
1859	4.147	57	107	260	6	55	445	3.217
1860	4.199	61	153	195	10	27	463	3.290
1861	4.118	61	139	182	3	52	445	3.236
1862	4.277	55	150	240	»	47	392	3.393
1863	4.342	57	178	162	4	35	459	3.447
1864	4.249	63	172	151	»	39	459	3.365
1865	4.225	52	168	196	»	33	490	3.313
1866	4.003	53	161	141	»	39	406	3.203

On voit par ces chiffres que le nombre des filles publiques en circulation est relativement restreint. Or c'est une erreur commune et fort explicable d'ailleurs, de considérer comme des filles publiques en flagrante infraction aux règlements de police toutes les femmes en toilettes affichantes et aux allures de prostituées qu'on rencontre dans les lieux publics et sur les promenades, et qui notamment encombrent, le soir, les plus beaux boulevards et les devantures de cafés. Il n'en est pas ainsi. Toutes ces femmes constituent la catégorie la plus nombreuse du personnel de la prostitution à Paris, celle des *insoumises*, c'est-à-dire des filles de débauche que, malgré ses efforts et en raison d'obstacles sur lesquels je reviendrai tout à l'heure, l'administration n'a pu soumettre aux conséquences disciplinaires et médicales de l'inscription sur les contrôles de la prostitution. Ces filles sont, pour la plupart, mineures; beaucoup d'entre elles ont quitté leur pays pour venir se placer comme domestiques. Une fois à Paris, elles ont rapidement perdu le goût du travail et, sous de pernicieuses influences qui ne manquent jamais de se produire, elles se sont, à la recherche du plaisir et de la toilette, lancées dans la débauche. Tout en procédant avec la réserve que commande la nature des faits et qui complique les difficultés de son action, la police apporte une grande activité pour mettre en état d'arrestation celles de ces filles qui sont trouvées *faisant acte de prostitution ou de provocation à la débauche.*

Elle en arrête annuellement environ 2000. Le nombre des mesures de cette nature a presque toujours été croissant.

Il a été de. . . . . . 1405 en 1857
1158 — 1858
1528 — 1859
1650 — 1860
2322 — 1861
2987 — 1862
2124 — 1863
2143 — 1864
2255 — 1865
1988 — 1866

Lorsqu'il y a lieu, l'administration avertit discrètement les familles de ces filles. Dans certains cas, elle les met en demeure d'user des moyens de correction que la loi leur accorde (art. 375 et suiv. du Code Napoléon). Pour toutes les espèces, elle s'efforce de rapatrier les filles mineures qui peuvent l'être et elle ne se résigne à prononcer l'inscription qu'autant que les parents refusent d'intervenir, qu'elle se trouve en présence d'une fille déjà arrêtée antérieurement pour fait de débauche et qu'il y a danger pour la santé publique.

Beaucoup de ces filles sont atteintes de maladies contagieuses graves. Les chiffres suivants le démontreront :

ANNÉES.	NOMBRE des arrestations d'insoumises.	SYPHILITIQUES.	FILLES atteintes d'ulcérations ou de gale.
1857	1.405	434	152
1858	1.458	314	142
1859	1.528	358	144
1860	1.650	432	132
1861	2.322	542	153
1862	2.987	585	214
1863	2.124	425	177
1864	2.143	380	213
1865	2.255	468	204
1866	1.988	432	169

Autrefois, et à un point de vue exclusivement sanitaire, les inspecteurs de police attachés au service des mœurs recevaient une gratification, sorte de prime de capture, pour l'arrestation des filles insoumises reconnues vénériennes, des filles inscrites retardataires aux visites ou disparues, et pour toutes autres opérations de même nature. Ce mode de procéder, pouvant faire imputer aux agents des excès de zèle intéressés et susceptibles d'amener des erreurs regrettables, a été supprimé en 1863. Lorsque L'Administration se trouve en présence d'une *insoumise* vénérienne arrêtée pour la première fois pour fait de prostitution et dont la situation commande des ménagements exceptionnels : s'il s'agit par exemple d'une femme mariée ou d'une fille ayant des moyens d'existence qui ne permettent pas de la considérer comme une prostituée d'habitude, cette insoumise n'est pas envoyée en traitement à l'infirmerie de la prison de Saint-Lazare. On la dirige sur l'hôpital de Lourcine.

Aux tentatives continuelles faites par l'administration pour rapatrier ou rendre à leurs familles les jeunes filles arrêtées pour faits de débauche, s'ajoutent les efforts et le concours actif de diverses associations religieuses et charitables qui se consacrent à cette mission.

Les plus importantes sont l'œuvre du Bon-Pasteur et la Société des Dames protestantes, dont les membres visitent les détenues et les malades de la deuxième section de Saint-Lazare. D'autres institutions religieuses interviennent dans le même but. Parmi elles, il faut citer au premier rang les vénérables sœurs de l'ordre de Marie-Joseph, qui font le service de la prison de Saint-Lazare et du quartier des femmes de la maison de dépôt près la préfecture de police, et dont les établissements et ouvroirs recueillent celles des jeunes débauchées qui le demandent, en manifestant des résolutions de meilleure conduite.

Nous voici loin des préoccupations sanitaires qui ne sauraient primer les intérêts de moralisation et l'exercice de l'autorité paternelle, et il suffit d'indiquer ce côté de la question pour faire entrevoir une *partie* des difficultés à surmonter pour arriver à l'inscription d'une fille de débauche sur les contrôles de la prostitution publique et, par suite, à l'assujettissement de cette même fille aux obligations disciplinaires et médicales. Je dis une *partie*, parce que dans la pratique on rencontre sur ce terrain des obstacles de toute nature et des nuances de situation dont il faut tenir compte. Sur toutes les difficultés et les espèces douteuses plane d'ailleurs une considération dominante qu'il importe de ne pas perdre de vue, c'est que l'inscription *d'office*, c'est-à-dire *imposée*, dans des conditions discutables et susceptibles de créer des résistances invincibles, est un péril sans profit pour la discipline et l'intérêt sanitaire.

Les inscriptions comme filles publiques s'élèvent en moyenne à 400 par an.

Voici les chiffres de détails depuis dix ans :

1857 542
1858 449

<pre>
1859 507
1860 388
1861 397
1862 443
1863 379
1864 364
1865 311
1866 323
</pre>

Ces chiffres réunis représentent un total de 4,067 qui se subdivise de la manière suivante :

<pre>
Mariées..................................   231 }
                                                 } 4,097
Célibataires .... 3,866 }

Majeures.................................   2,743 }
            { au-dessous de 18 ans...   302 }   } 4,097
Mineures   { ayant plus de 18 ans... 1,052 } 1,354 }

            { de Paris................   706 }
Natives..   { de la banlieue.........   134 } 4,097
            { des départements....... 3,046 }
            { de l'étranger..........   211 }
</pre>

Il y a trois classes d'inscriptions :

1° Les filles publiques inscrites en province et venues à Paris pour y continuer le même genre de vie;

2° Les filles majeures ou les mineures abandonnées par leurs parents dont ils ont lassé la tendresse et qui, notoirement vouées à la prostitution, demandent elles-mêmes leur inscription ;

3° Les filles qui, se trouvant dans les mêmes conditions quant aux habitudes de prostitution, repoussent l'inscription sans présenter aucune garantie contre les dangers qu'elles font courir à la santé publique.

Dans le but de ne pas mettre obstacle aux demandes d'inscription que des filles, logées dans leurs meubles et *s'adonnant à la prostitution* à l'insu de leur voisinage, hésiteraient à faire si elles avaient à redouter des indiscrétions, et aussi pour éviter des scandales de famille et des catastrophes, l'administration ne divulgue le fait de l'inscription que lorsqu'il s'agit d'un intérêt judiciaire. Des considérations analogues la dirigent en ce qui touche les radiations des contrôles de la prostitution.

Ces radiations s'obtiennent en cas de mariage ou après une épreuve de retour au travail et à la bonne conduite d'une certaine durée. A défaut de la radiation définitive, l'administration accorde, lorsqu'il y a lieu, la dispense, limitée mais renouvelable, des obligations sanitaires.

Les diverses catégories de radiations sont indiquées dans le tableau qui suit :

ANNÉES.	RADIATIONS DÉFINITIVES			RADIATIONS PROVISOIRES					TOTAUX.
	par suite de décès.	par suite de mariage.	abandon de la prost. Justific. de moyens d'existence.	par suite de départ avec passe-port.	pour disparitions remontant à 3 mois.	par suite de condamnations.	par suite d'admission dans des asiles hospitaliers.	de filles devenues maîtr. de maisons de tolérance.	
1857	90	30	73	213	569	19	4	6	1.004
1858	73	23	95	215	584	»	4	10	1.004
1859	82	22	120	172	489	12	6	11	914
1860	82	16	47	168	580	3	2	7	905
1861	86	23	1	161	346	»	1	5	623
1862	116	20	»	120	423	12	13	3	707
1863	96	22	3	125	488	».	1	6	741
1864	106	26	3	95	509	»	4	4	747
1865	146	12	1	75	573	18	34	2	861
1866	123	26	4	97	557	1	4	3	815

Les radiations prononcées à l'égard des filles publiques devenues maîtresses de maisons, sont provisoires. Elles constituent une sorte de privilége accordé à ces dernières dans un intérêt de discipline et pour ne pas affaiblir leur autorité vis-à-vis des filles inscrites qu'elles logent.

J'ai déjà parlé des hôtels garnis, cabarets et autres lieux où l'on fait clandestinement trafic de la prostitution, et qui sont l'objet de mesures de surveillance. Lorsqu'il y a lieu, c'est-à-dire lorsque les faits relevés constituent le délit d'excitation habituelle de mineures à la débauche, les inculpés sont poursuivis par application de l'art. 334 du Code pénal. On a vu des logeuses nourrissant des jeunes filles et leur louant des vêtements pour favoriser leur prostitution. Un jupon se louait 3 fr. par jour et une chemise 1 fr. 50. Si les faits se réduisent aux proportions de contraventions aux ordonnances des 6 novembre 1778 et 8 novembre 1780, ils sont déférés aux tribunaux de simple police. Ces contraventions étaient autrefois assimilées aux délits, et, comme telles, poursuivies par la juridiction correctionnelle. Un arrêt de la Cour de cassation, en date du 1er décembre 1866, les a fait rentrer dans la classe des contraventions de police auxquelles s'applique l'art. 471 n° 15 du Code pénal.

De 1857 à 1866, les poursuites dont il s'agit se sont annuellement réparties comme il est établi par le relevé ci-après :

| Années. | Art. 334 du C. p. | CONTRAVENTIONS. | | Totaux. |
		Ordon. de 1778	Ordon. de 1780	
1857	13	30	16	59
1858	15	34	28	77
1859	13	46	58	117
1860	4	60	78	142
1861	6	126	171	303
1862	1	175	156	232
1863	»	118	91	209
1864	»	109	60	169
1865	»	92	65	157
1866	»	100	72	172

L'ordonnance du 6 novembre 1778 dispose :

Art. 2. « Défendons à tous propriétaires et principaux locataires des maisons de cette ville et faubourgs d'y louer ni sous-louer les maisons dont ils sont propriétaires ou locataires qu'à des personnes de bonnes vie et mœurs, et bien famées, et de souffrir en icelles aucuns lieux de débauche à peine de 500 livres d'amende. »

Art. 5. « Enjoignons à toutes personnes tenant hôtels, maisons et chambres garnies au mois, à la quinzaine, à la journée, etc., de ne souffrir dans leurs hôtels, maisons et chambres, aucuns gens sans aveu, femmes ni filles de débauche, se livrant à la prostitution..... »

L'ordonnance de 1780 contient la disposition suivante :

« Faisons défenses à tous cabaretiers, taverniers, limonadiers, vinaigriers, vendeurs de bière, d'eau-de-vie et de liqueurs en détail..... de recevoir chez eux aucunes femmes de débauche..... »

La classification des filles publiques inscrites comportant des filles isolées, c'est-à-dire logées dans leurs meubles, il y aurait inconséquence et injustice à poursuivre, au point de vue de l'ordonnance de 1778, les propriétaires d'immeubles qui reçoivent sciemment des filles inscrites à titre de locataires.

Ces poursuites n'ont lieu que si ces propriétaires ou leurs mandataires, exploitant en réalité la prostitution, transforment leurs immeubles en véritables maisons de tolérance et résistent aux avertissements administratifs qui leur sont donnés à cette occasion.

Dans les cas de scandales graves et habituels, alors que les pour-

suites pour contraventions sont restées sans résultats, l'administration est armée, par le décret dn 29 décembre 1851, du droit de prononcer la fermeture des cafés, cabarets et débits de boissons.

L'art. 2 de ce décret est ainsi conçu :

« La fermeture des établissements désignés en l'art. 1, qui existent
actuellement ou qui seront autorisés à l'avenir, pourra être ordon-
née, par arrêté du préfet, *soit après condamnation pour contravention
aux lois et réglements qui concernent ces professions, soit par mesure de
sûreté publique.* »

Je ne puis me dispenser de dire ici quelques mots sur ces débits de
liqueurs d'une nature spéciale qui, dans ces derniers temps, se sont
multipliés sur tous les points de la capitale, et où les consommateurs
sont publiquement, de la part des filles de comptoirs, l'objet de fami-
liarités et de provocations intéressées

Un néologisme, imposé par les habitudes de langage en faveur
aujourd'hui, a désigné ces établissements de liquoristes sous le nom
de *caboulots.* Il n'y a pas que les idées qui, comme l'a dit Rivarol,
« mendient l'expression. »

Dans son livre intitulé : *la Nouvelle Babylone,* M. Pelletan, parlant
de ces débits, s'exprime ainsi :

« Une génération ennuyée a imaginé un nouveau genre de distrac-
tion..... Le caboulot n'est pas une cause, il n'est qu'un effet. On peut
supprimer un symptôme du mal, mais le mal persiste, car il tient à
l'état général de la société. »

Dans ces conditions, que pouvait faire la police ? Mettre obstacle à
l'abus. C'est ce qu'elle a fait par l'ordonnance du 19 septembre 1861,
qui réglemente les débits dont il s'agit et leur personnel, et dispose
qu'au cas d'infraction ces établissements pourront être fermés par
application du décret de 1851 dont je viens de reproduire la principale
disposition.

Indépendamment de la surveillance spéciale qu'elle exerce sur les
bals et cabarets fréquentés par les militaires, et sur les abords des
casernes, dans l'intérêt de la santé des troupes, l'administration contrôle et utilise dans le même but les indications qui lui sont trans-
mises par les chefs de corps, et qui, recueillies par les médecins militaires, ont pour but d'arriver à faire découvrir les femmes que les
soldats accusent de leur avoir communiqué des maladies vénériennes.

On a usé dans le passé de mesures de rigueur contre les militaires
atteints de la vérole. Je citerai, comme document intéressant sur ce
point, l'ordonnance du 2 mai 1781. Elle portait : « Sa Majesté, jugeant
qu'il est de sa justice et même de sa bonté de prévenir, par la crainte
d'une punition, les maux que pourrait produire dans les troupes
l'excès du libertinage, veut que tout soldat qui aura été traité trois
fois d'une maladie vénérienne quelconque soit condamné à servir
deux ans au delà de son engagement. »

De pareilles dispositions ne pouvaient qu'accroître le mal, en contraignant les militaires à dissimuler les maladies vénériennes dont ils étaient atteints. L'expérience a prouvé en outre que, sur ce terrain, les punitions disciplinaires produisent toujours un mauvais effet, et qu'elles empêchent notamment les soldats syphilitiques de donner des indications sur les femmes qui les ont infectés.

Ces indications sont indispensables à la police pour son œuvre sanitaire.

Il en est de même de la *masse* des renseignements analogues, anonymes ou non, qui lui parviennent chaque jour et qui signalent des femmes comme syphilitiques.

Tous ces renseignements donnent lieu à des informations prises avec réserve et à des surveillances. S'il s'agit de prostituées, elles sont arrêtées et dirigées sur l'infirmerie de Saint-Lazare. Si les indications en question concernent des femmes qui, bien qu'adonnées à la galanterie vénale, ne se trouvent pas dans le cas d'être l'objet de mesures administratives rigoureuses, ces femmes sont mises en demeure soit de justifier, par une attestation médicale, qu'elles se trouvent en traitement, soit d'entrer à l'hôpital de Lourcine.

Lorsque l'administration est en présence, et ce fait arrive souvent, d'une femme étrangère au département de la Seine, où elle n'a ni domicile, ni ressources, et où elle est venue pour se faire soigner d'une affection vénérienne, il est pourvu d'urgence à son envoi à l'hôpital de Lourcine par mesure sanitaire d'intérêt général, et sauf à intervenir auprès des autorités du dernier domicile de fait ou du domicile de secours pour obtenir le remboursement des frais de traitement. De pareilles espèces se présentent d'autant plus souvent que les municipalités des provinces cherchent à se débarrasser, au préjudice du département de la Seine, des malades qui les embarrassent et que ceux-ci sont naturellement attirés vers la capitale par la certitude d'y trouver plus de notabilités médicales et plus de moyens d'assistance que partout ailleurs.

Que l'administration de la police fasse primer, par l'importante considération de prévenir la contagion syphilitique, les conditions légales et financières de l'assistance, cela se conçoit lorsqu'il s'agit de femmes infectées du mal vénérien, et qui pourraient par misère se livrer à des provocations à la débauche. Mais il n'en est pas de même pour les hommes qui s'obstinent à venir chercher en dehors de leurs domiciles des soins et un traitement qu'ils pouvaient y trouver. La loi du 15 octobre 1793 (24 vendémiaire an XI) est formelle sur ce point. Elle porte, art. 18 : « Tout malade domicilié de droit ou non, qui sera sans ressources, sera secouru à son domicile de fait ou dans l'hôpital le plus voisin. »

On n'a pas à redouter de la part des hommes atteints d'affections vénériennes de provocations avec arrière-pensée vénale ; aussi le péril est-il, au point de vue de la contagion, moindre que lorsqu'il s'agit de femmes. Sauf les cas d'urgence, où le traitement s'impose comme devoir d'humanité, le danger est-il de nature à justifier une décision qui, donnant satisfaction au désir manifesté par certains membres du Congrès médical, ouvrirait, *de droit*, les portes des hôpitaux à tous les vénériens venant y frapper? Cela est très-discutable. Il ne faut pas oublier d'ailleurs qu'en pratique, par les raisons énoncées plus haut, on arriverait, à un moment donné, à faire des hôpitaux de Paris le réceptacle de *tous* les vénériens de France.

Or, dans l'état actuel et sans insister sur l'encombrement de tous les asiles hospitaliers de la capitale, il convient de remarquer que les hôpitaux du Midi et de Lourcine ne reçoivent pas annuellement moins de 5,000 malades. J'ai sous les yeux les comptes de 1864 et de 1865. En voici le résumé pour les deux hôpitaux dont il s'agit :

ANNÉES.	HÔPITAL DU MIDI. — Entrées.	HÔPITAL DE LOURCINE. · Entrées.	TOTAUX.
1864	3.581	1.258	4.839
1865	4.190	1.310	5.500

Si, à ces chiffres, on ajoute ceux des filles publiques et des insoumises traitées à l'infirmerie de Saint-Lazare et que j'ai indiqués dans les tableaux qui précèdent, on arrive aux totaux suivants :

1864 6,076

1865 6,729

Me voici au bout de cet exposé. Je me suis attaché à le rendre aussi complet que possible, l'accompagnant de renseignements statistiques applicables à une période de dix années. Il me reste à faire parler ces chiffres en les prenant par leur signification absolue.

IV. Il suffit de jeter un coup d'œil sur les éléments d'appréciation qui précèdent, pour reconnaître que le monde de la prostitution, établissements et personnels, subit une transformation. Je n'ai donc pas à chercher laborieusement et à découvrir, à l'aide d'inductions peut-être hasardées, le sens de quelques écarts de chiffres à peine indiqués. Je suis en face de différences et de résultats considérables.

Examinons :

1° Diminution des inscriptions sur les contrôles de la prostitution;

2° Diminution du nombre des maisons de tolérance;

3° Diminution du nombre des filles de maison;

4° Augmentation *relative* du nombre des filles isolées;

5° Accroissement considérable du nombre des insoumises;

6° Constatation de ce fait que les insoumises sont, dans une large proportion, atteintes de syphilis ou d'affections contagieuses.

Tous ces résultats sont solidaires : je l'expliquerai tout à l'heure. Ils démontrent que la prostitution augmente et qu'elle devient plus dangereuse pour la santé publique.

L'action de la police sur ce point s'est-elle donc ralentie ?

Non. On a vu par tous les détails que j'ai donnés plus haut, qu'elle a fortement organisé ses moyens de surveillance, de contrôle sanitaire et de répression. Elle n'a jamais été plus active. Ce qui l'établit, c'est que le nombre des arrestations des insoumises et des filles publiques n'a pas cessé d'augmenter ; c'est que l'état sanitaire des filles inscrites est satisfaisant et n'a pas cessé de s'améliorer.

Le mal est social, et il ne dépend pas de mesures de police qui ne peuvent l'atteindre et le détruire. Le nombre des maisons de tolérance diminue ; il ira toujours en décroissant. Ces maisons disparaîtraient si elles n'avaient leur clientèle de voyageurs, de soldats et de journaliers. Aujourd'hui, on cherche l'*aventure* au grand péril de sa santé. Question de vanité sur un terrain malsain. Les filles renvoyées des maisons de tolérance se rejettent dans la catégorie des filles isolées, laquelle se dépeuple à son tour pour grossir la foule des *insoumises*.

Le nombre de celles-ci va donc toujours en augmentant. C'est une nouvelle physionomie de la prostitution dont il faut chercher la cause dans l'indulgence, j'allais dire la sympathie, dont, depuis un certain temps et sous toutes les formes, on fait montre partout, dans les livres et au théâtre, à l'égard de la débauche payée.

Ce ne sont plus les filles publiques et les insoumises d'autrefois, honteuses de leur situation et faisant leur triste métier sous la main de la police dont on provoquait contre elles des mesures de sévérité.

Les *insoumises* de nos jours ne soulèvent plus la réprobation et elles semblent avoir droit de cité. Infime monnaie de courtisanes, provocantes d'attitude, rivalisant entre elles de toilettes excentriques et voyantes, elles rêvent toutes une notoriété scandaleuse et s'en vont, jouant du regard, se faisant accoster, mais n'accostant pas, cherchant l'occasion, se contentant de tous les hasards et offrant beaucoup plus de dangers pour la santé publique que les filles inscrites.

Il y a bien de l'injustice dans les récriminations qui, quotidiennement, reprochent, tour à tour, à la police sa tolérance ou ses rigueurs vis-à-vis les femmes de débauche.

On ne songe pas assez à la difficulté qu'offrent, à tous les points de vue, les arrestations en matière de débauche. Il ne faut pas oublier qu'il s'agit de *femmes* circulant ou stationnant dans des promenades ou lieux publics où les hommes sont en majorité ; que la plupart sont jeunes, souvent jolies et élégantes, et qu'il ne manque jamais de se produire en leur faveur des interventions, parfois malsaines et intéressées, parfois honnêtes, mais toujours irréfléchies, qui encouragent des résistances et occasionnent le scandale.

Avec les excentricités d'allures et de toilette communes aujour d'hui à des femmes appartenant à des classes sociales très-différentes, que d'erreurs possibles si la répression ne procédait pas avec une excessive réserve !

Le détail des confusions que peuvent causer des similitudes d'ajustements et de tenue me rappelle un passage curieux des ordonnances de 1415 et de 1419. Je ne résiste pas au désir de le citer.

L'ordonnance de 1415 faisait défense « aux femmes de vie bordelière, maquerelles et autres, de vie dissolue » de porter à leurs robes ou chaperons divers ornements de bijouterie, de plumes et de fourrures.

L'ordonnance de 1419 renouvelait l'énumération de ces ornements et ajoutait en parlant des femmes de débauche :

« Et avecque ce portent et font porter après elles grands livres, ès quels elles ne savent lire, tellement que *à peine congnoit-on les bonnes prudes femmes et bourgeoises notables de la ville de Paris à qui ce appartient de porter.* »

L'imitation a changé de côté, mais le péril est resté.

Je disais au début de cette étude : La science a signalé l'étendue du mal. Je viens d'en indiquer la cause. J'ai montré sur ce terrain l'œuvre de la police et les difficultés de sa mission.

J'aurai rempli mon but si j'ai fait comprendre que l'administration ne peut atteindre *par l'inscription des filles publiques, seul moyen d'assujettissement aux obligations sanitaires,* deux mesures d'une extrême gravité, que les femmes adonnées à la prostitution et arrêtées dans des conditions qui ne peuvent laisser le moindre doute sur ce point (une erreur serait irréparable) et que, dans ce cas-là même, lorsque la fille est mineure, la police doit compter avec l'autorité paternelle qui veut user des moyens de correction que la loi lui accorde.

Peut-être aurai-je, en même temps, au moins pour partie, répondu à la question agitée dans le Congrès international médical.

Dans tous les cas, j'ai indiqué des chiffres et groupé des renseignements qui peuvent intéresser quiconque s'occupe de prostitution et des ravages de l'infection syphilitique.

A. Parent, imprimeur de la Faculté de Médecine, rue Mr-le-Prince, 31.